U0198760

ENTERTAINING MATHS

少儿彩绘版

趣味数学

数与运算

〔俄罗斯〕雅科夫·伊西达洛维奇·别莱利曼◎著 焦 晨◎译

中国妇女出版社

作者简介

雅科夫·伊西达洛维奇·别莱利曼（1882～1942）

　　别莱利曼出生于俄国格罗德省别洛斯托克市，是享誉世界的科普作家、趣味科学的奠基人。他从17岁时开始在报刊上发表文章，大学毕业后，全力从事科普写作和教育工作。自1916年始，他用了3年时间，创作完成了其代表作《趣味物理学》，为以后一系列趣味科学读物的创作奠定了基础。

　　别莱利曼一生共创作了105部作品，其中大部分是趣味科学读物，主要代表作有《趣味物理学》《趣味物理学·续篇》《趣味力学》《趣味几何学》《趣味代数学》《趣味天文学》《趣味物理实验》《趣味魔法数学》等。他的作品从1918年至1973年仅在俄罗斯就出版449次，总印数达1300万，之后又被翻译成数十种语言，畅销20多个国家，全世界销量超过2000万册。别莱利曼除了面向青少年创作科普作品，还在1935年创办和主持列宁格勒"趣味科学之家"，广泛开展少年科学活动。别莱利曼及其作品对俄国乃至全世界青少年的科学学习都产生了深远的影响。

别莱利曼的趣味科学读物通过巧妙的分析，将高深的科学原理变得简单易懂，让艰涩的科学习题变得妙趣横生，让牛顿、伽利略等科学巨匠不再遥不可及。同时，他的作品立论缜密，还加入了对经典科幻小说的趣味分析，是公认的深受青少年欢迎的科普书。一些在学校里让学生感到十分难懂、令人头痛的数学问题，到了他的笔下，都好像改变了呆板的面目，显得和蔼可亲了。正如著名科学家、火箭技术先驱者之一格卢什科对他的评价：别莱利曼是数学的歌手、物理学的乐师、天文学的诗人、宇航学的司仪。为纪念别莱利曼对世界科普事业作出的巨大贡献，1959年，"月球3号"无人月球探测器传回了世界上第一张月球背面图，其中拍摄到的一座月球环形山，被命名为"别莱利曼"环形山。

目 录
CONTENTS

赚钱的交易

这个故事发生的时间和地点，给我讲故事的人并没有提到过。存在这样一种可能，就是这个故事从来就没有发生过，或者更准确地说，这个故事完全就是无中生有，是虚构出来的。由于这个故事特别有趣，我要把它一五一十地讲给你们听。

◆ 第一段故事

从前有一天，一个陌生人来到一位百万富翁的家中拜访，然后向百万富翁提出了一种他从来没有听说过的金钱交易方式，并且表示自己很乐意与富翁进行这场交易。

陌生人先陈述这场交易的规则："从明天开始，在接下来的一个月中的每一天，我都会给你送来1000卢布。"

这位富翁屏气凝神地听着，等着下文，然而这个陌生人却沉默不语了。

于是富翁追问道："你不是在骗我

吧？你倒是继续说一说你为什么要这么做呢？”

"在第一天我给你1000卢布的时候，你只需要支付给我1戈比即可。"

"我没有听错吧，1戈比？"富翁很诧异，急忙重复着追问。

"没错，就是1戈比，但是第二天我给你1000卢布的时候，你需要支付2戈比。"

富翁情不自禁地继续问道："那么之后呢？"

"之后呢，第三天我给你1000卢布的时候，你需要支付4戈比；第四天给你1000卢布的时候，你需要支付8戈比；第五天，你需要支付16戈比……以此类推，这样在这一个月中，你每天需要给我支付的钱都是前一天的两倍。"

"我就仅仅需要这样做吗？"

"没错，就是这样。除此之外，再无其他了。在接下来的一个月中，你我必须严格遵守承诺，按照约定完成这一交易：我会在每天早晨给你送来1000卢布，与此同时，你需要按照约定的钱款数目向我支付，我们不能在一个月内中途毁约。"

"他给我1000卢布，但是却只要我返还给他1戈比。只有两种可能，要么钱是假的，要么就是这个人的脑子不正常。"这位百万富翁暗自思忖着。

"行，那就这么说定了！"富翁欣然同意了这笔交易。"你从明天开始就按照约定给我拿钱吧，我也会严格遵守约定支付我的那一部分。你可千万别想着用假钱来欺骗我。"

陌生人回应："你就放宽心，安心地等着我明天早上过来吧。"

陌生人离开之后，这位富翁却暗自琢磨了许久：这位行为怪异的陌生人明天到底会不会来呢？他要是突然意识到自己在做一笔如此愚蠢的交易，也许再也不会出现了吧？

◆ 第二段故事

　　第一天清晨，那个陌生人如约而至，他敲了敲富翁的窗户说：
"我把1000卢布带来了，也请你准备好该给我的1戈比。"

这位陌生的拜访者一边掏出那货真价实的1000卢布，一边向富翁说。

百万富翁在桌子上放了1戈比，然后惴惴不安地看着陌生人，并且暗自思量：他会不会后悔呢？他会不会不要这枚钱币，而是要回自己的1000卢布呢？

然而陌生人拿过1戈比的钱币，在手里把玩了一下就收进了口袋，并且对富翁说道："我明天还会准时过来，请你准备好2戈比在此等我。"说完就转身离开了。

对于这突如其来的意外之财，富翁简直无法相信。他检查了陌生人给他的1000卢布，的确都是真币，富翁格外满足。他仔细地藏好这些钱之后，就开始满心期待第二天的1000卢布了。

到了夜晚，百万富翁一直沉浸在不安中，他思索着这个陌生人或许是一个由盗贼假扮的老实人，他难道是为了摸清我在哪里藏钱，然后乘虚而入劫取我的财物？

想到这里，富翁赶紧把房门紧闭，一直向窗外张望，并且仔细倾听外面细碎的声音，许久都无法入眠。

第二天清晨，陌生人再次带着1000卢布如约而至。富翁数了数钱，确认没问题之后，陌生人收起2戈比就离开了。临走之前他向富翁叮嘱："别忘了明天早上该准备4戈比了！"

百万富翁因如此轻松就又获得了1000卢布感到十分愉悦！而且他通过观察这位陌生人发现：

他每次都只是拿走自己该拿的那几戈比，既不在我家东张西望，也不询问其他的问题，所以他看起来并不像盗贼，那他还真是一个奇怪的人呢！

要是世界上再多一些这样的怪人，那像我这样的聪明人的生活可就过得容易多了……

第三天清晨，陌生人的敲击声再一次出现在百万富翁家的窗户上，这次陌生人通过第三次支付1000卢布而获得了4戈比。

紧接着的第四天，通过同样的交易方式——百万富翁向陌生人支付了8戈比而获得了第四个1000卢布。

后来，百万富翁通过支付16戈比又将第五个1000卢布收入囊中。

接下来是支付32戈比而得到第六个1000卢布。

到第一个星期结束，这位百万富翁通过付出微乎其微的金钱：

$$1+2+4+8+16+32+64=127=1卢布27戈比$$

而获得了大量的财富：

$$1000\times7=7000卢布$$

贪得无厌的百万富翁疯狂地爱上了这个"傻瓜"交易，他甚至都开始后悔为什么和陌生人的交易只事先商定了一个月，这样他只能得到3万卢布！

他还在想，能否劝说这个奇怪的陌生人将这个交易的时间延迟，甚至只延迟两三个星期也可以呢？

但是百万富翁又想到了一个问题：

万一这个陌生人突然意识到这些钱都是白白给我的怎么办？

接下来的几天，陌生人都会带着1000卢布如约而至，与此同时，这个陌生人获得了：

第八天	1卢布28戈比
第九天	2卢布56戈比
第十天	5卢布12戈比
第十一天	10卢布24戈比
第十二天	20卢布48戈比
第十三天	40卢布96戈比
第十四天	81卢布92戈比

两周之后，这位富翁能够获得14000卢布，但是他只需要给这位陌生人支付大约100卢布。能获益这么多，这位富翁自然非常乐意支付这笔微不足道的钱。

◆ 第三段故事

然而，百万富翁并没能一直沉浸在喜悦之中，他很快就发现这个奇怪的陌生人才不是傻瓜，他们约定的这笔交易越来越不像刚开始看起来那般能获益良多了。

而且实际上，从第三个星期开始，富翁就已经不得不为了得到1000卢布而向陌生人支付上百卢布，不再仅仅是几十戈比了。更让富翁觉得可怕的是，随着时间的推移，他所需要支付的钱数急速增长。从第三个星期开始，富翁需要支付的钱数是：

第15个1000卢布	163卢布84戈比
第16个1000卢布	327卢布68戈比
第17个1000卢布	655卢布36戈比
第18个1000卢布	1310卢布72戈比

然后，在接下来的交易中，富翁已经完全得不到任何利润了，他每次需要支付更多的钱才能得到1000卢布。

然而他又不能违反诺言，只能咬牙继续坚持下去，一直到月底。不过呢，富翁这时并不觉得自己有任何亏损：他已经获得了18000卢布，但是只付出了2500多卢布。

越来越不妙的事实终于让百万富翁意识到，这个陌生人是多么的奸诈狡猾，因为陌生人在后期得到的钱数远远大于他支付的，只是富翁意识到这个问题的时候为时已晚。下面是之后富翁每得到1000卢布需要支付的钱数：

第19个1000卢布	2621卢布44戈比
第20个1000卢布	5242卢布88戈比
第21个1000卢布	10485卢布76戈比
第22个1000卢布	20971卢布52戈比
第23个1000卢布	41943卢布4戈比

　　可以看出来，到目前为止，富翁为第23个1000卢布所支付的钱数，已经超过了他这一个月能得到的钱数了。

　　这一个月的约定就只剩一个星期了，然而就是这7天，还是使百万富翁走向了破产的结局！他每天需要向陌生人支付的金钱数目是：

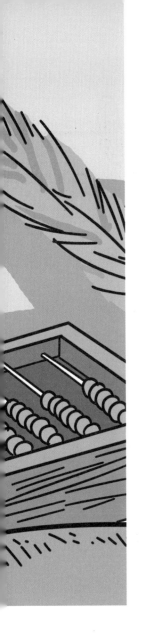

第24个1000卢布	83886卢布8戈比
第25个1000卢布	167772卢布16戈比
第26个1000卢布	335544卢布32戈比
第27个1000卢布	671088卢布64戈比
第28个1000卢布	1342177卢布28戈比
第29个1000卢布	2684354卢布56戈比
第30个1000卢布	5368709卢布12戈比

当陌生人完成最后一次交易离开富翁家之后，百万富翁想要计算一下他这一个月为了得到30000卢布到底付出了多少钱，结果却令他大吃一惊：10737418卢布23戈比。

将近1100万卢布——如此巨款可都是从1戈比开始的。所以，即使这个陌生人以每天给富翁10000卢布的方式进行交易，那么一个月之后他照样是有利可图的。

在结束这个故事之前，我想向大家介绍一种简便算法来计算出百万富翁的损失，也就是如何将下列**数列**相加的结果更快、更准确地计算出来：

$1+2+4+8+16+32+64+\cdots\cdots$

其实通过仔细观察，我们很容易发现这些数具有这样的特点：

$2=1+1$

$4=(1+2)+1$

$8=(1+2+4)+1$

$16=(1+2+4+8)+1$

$32=(1+2+4+8+16)+1$

……

换而言之，这一数列中的每一个数都与它前面所有符合这个规律的数之和再加"1"相等。

所以，我们计算从1到某一项之和，比如$1+2+4+\cdots\cdots32768$，只需将最后一个数32768加上它前面的所有数列项之和（也就是32768），再减1。这样，我们最终计算所得到的结果是65535。

那么，我们现在只需要知道百万富翁最后一天支付给陌生人的钱数，再通过这种简便算法，就可以快速地计算出富翁总共损失了多少钱。

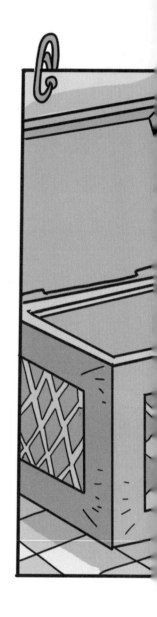

　　富翁最后一天支付的钱数是5368709卢布12戈比，用5368709卢布

12戈比加上5368709卢布11戈比，可以算出富翁这一个月总共支出的钱

数是10737418卢布23戈比。

赏　金

据说，在很久以前，古罗马曾经发生过这样一件事情。

◆ 第一段故事

受皇帝的钦点任命，统帅泰伦斯带着军队远征，所向披靡，战无不胜，最终赢得了许多战利品，回到首都罗马向皇帝复命。

皇帝热烈地欢迎泰伦斯得胜回朝，并且由衷地感激泰伦斯为国家安定所作的贡献，于是便要在元老院为他升官加爵作为赏赐。

然而泰伦斯并不想要高官爵位，他向皇帝解释道："这么多年来，我打了一场又一场的胜仗，是为了国泰民安，是为了让陛下在外邦树立威信，是为了使您的声名显赫。

"我并不惧怕死亡，假如我能够有很多条命，我宁愿为了陛下牺牲我所有的生命。然而我现在年纪越来越大，身体大不如前，对打仗感到无比厌烦，也没有了年轻时的热血沸腾，我想是时候告老还乡，享受天伦之乐，安度晚年了。"

"泰伦斯，那么你希望我给你什么赏赐呢？"皇帝问。

"陛下，请允许我慢慢诉说。这么多年以来，我一直征战沙场，九死一生，但是我并未积累下属于自己的财富，如今的我依旧一贫如洗……"

"泰伦斯，请你接着说下去。"

受到皇帝的鼓舞，泰伦斯更有信心地继续说道：

"所以，作为您身边一位普通的仆人，我并不祈盼能够在元老院中担任位高权重的要职，受人仰慕，我只祈求能够远离官场，与世无争，安度晚年。所以我恳请陛下能够给我足够的金钱，以保证我富足地度过余生。"

但是，据说这位皇帝并不是一个慷慨大方的君王，他只致力于为自己积累钱财，对于他人，即使是大功臣，也是一毛不拔。因此，泰伦斯的请求使皇帝陷入了深思。

"泰伦斯，你认为你需要多少钱才够安度晚年呢？"皇帝反问道。

"我希望能得到100万**第纳里**，陛下。"

听到这个数，皇帝再一次深思，而统帅也低着头焦急地等待皇帝的回答。最终，皇帝开口说道：

"英勇的泰伦斯将军！你是威猛的战士，你战功显赫，本就应该获得丰富的犒赏，我答应你，会奖赏你足够的钱财，但是得等到明天中午才能听到我的决定。"

泰伦斯深深鞠了一躬以表示对皇帝的感谢，然后就退下了。

◆ 第二段故事

第二天中午，泰伦斯按照和皇帝约定的时间，准时到达皇宫面见皇帝。

皇帝面带微笑地向泰伦斯问好："英勇的泰伦斯，你好！"

泰伦斯毕恭毕敬地低着头回应皇帝："陛下宅心仁厚，您昨天允诺我会奖赏我一大笔钱财，我现在是来听您最终决定的。"

皇帝回答说："泰伦斯，你这么多年战功显赫，是名副其实的常胜将军，我希望你得到的奖赏能够和你的战绩相匹配，而不是只得到少得可怜的赏赐。接下来你仔细听我说，现在我的金库里面有500万枚铜制**布拉斯**。

"第一天，你去我的金库拿1布拉斯硬币到这里来，把硬币放在我的脚边。

"第二天，再去金库，将价值2布拉斯的硬币拿回来，放在第一枚旁边。

"第三天，再拿来价值4布拉斯的硬币，第四天拿出价值8布拉斯的硬币，第五天是16布拉斯。

"按照这样的规则，我会让我的工匠在你每天拿硬币的前一天为你制作一枚价值相对应的硬币，而你每一天所得到的钱数都是前一天的2倍，只要你在不借助外力的情况下拿起硬币，那么不管这些金钱价值多大，你都可以从我的金库中拿走。

"但是，如果到了你拿不起来我给你新制造的钱币的那一天，我们这个约定就停止了。不过你之前从金库中拿出来的钱财都将属于我给你的赏赐。"

泰伦斯如痴如醉地揣摩着皇帝所说的每一句话，他的脑海中仿佛已经展现出了自己把金库中的大量钱财搬出来的场景。

他思忖了一会儿，然后笑容满面地答应了皇帝的提议："陛下真的是仁爱慈善，谢谢您慷慨解囊来赏赐我呀！"

◆ 第三段故事

于是，泰伦斯开始每天从金库中往外搬运钱币。金库与皇帝的会客大厅相隔很近，所以，一开始的时候，泰伦斯可以毫不费力搬动那些金币。

按照约定，第一天他只能从金库中拿出1布拉斯，这枚硬币很小，直径25毫米，质量只有5克。

第二天、第三天、第四天、第五天和第六天，统帅泰伦斯都非常轻松地从金库之中分别搬出了2布拉斯、4布拉斯、8布拉斯、16布拉斯和32布拉斯。

按照我们现在的重量换算方式，第七天搬出来的硬币应该是64布拉斯，质量是320克，直径为8.5厘米（更准确地说是84毫米）。

到了第八天，泰伦斯需要从金库中搬出来的钱币质量是128枚1布拉斯小硬币的质量之和，直径大约是10.5厘米，重640克。

第九天，泰伦斯需要搬运的钱币是256枚小硬币的总和，这枚钱币的直径是13厘米，质量已经超过了1.25千克。

　　然而，到第十二天的时候，泰伦斯需要搬到皇帝会客大厅的钱币的直径和质量已经分别达到了27厘米和10.25千克。

　　皇帝这个笑面虎，一直装作很和蔼的样子看着泰伦斯，但是他却难掩内心的喜悦之情，因为他看着泰伦斯已经反反复复进出金库十二次，只拿出了2000多布拉斯。

　　第十三天的时候，英勇的泰伦斯需要搬运的钱币直径为34厘米、重20.5千克，它是4096枚1布拉斯小硬币的总和。

　　第十四天的时候，泰伦斯需要从金库中搬运一枚直径42厘米、重41千克的钱币，这枚钱币已经算是比较重的了。

看着泰伦斯满头大汗的样子，皇帝强忍着心中的喜悦问他："你累吗？泰伦斯。"

"我不累，陛下。"泰伦斯一边抹去额头上的汗水，一边气喘吁吁地回答。

到了第十五天，泰伦斯需要搬运的钱币已经俨然是一个庞然大物，他搬着这枚直径53厘米、重80千克的钱币，举步维艰地向皇帝的会客大厅走去，这枚钱币已经是16384枚1布拉斯的总和了，即使是一个高大威猛的战士，也会觉得重如泰山。

第十六天，泰伦斯背着一枚价值32768枚1布拉斯总和的钱币摇摇晃晃地走向皇帝，这枚钱币的直径是67厘米，质量已经达到了164千克。

统帅已经精疲力竭，而皇帝却抑制不住地笑了起来……

第十七天，看着泰伦斯已经无法把钱币抱着或背着进行搬运，而只能滑稽地推着它前进，皇帝再也控制不住地大笑起来。这枚钱币是价值65536枚1布拉斯小硬币的总和，它的直径是84厘米，重达328千克。

第十八天应该是泰伦斯最后一次为自己谋取赏赐了，是他最后一次去金库中搬运钱币，也是他最后一次走进皇帝的会客大厅。

这一次，他要搬运的是一枚直径107厘米，重达655千克的巨型钱币，它是由131072枚1布拉斯小硬币所组成的，而且在搬运的过程中，统帅不得不竭尽全力，并且把自己的长矛当作杠杆，这才把钱币运进大厅。

终于，他把这枚钱币运到了皇帝的脚边，与此同时发出了巨大的响声。

泰伦斯已经被摧残得心力交瘁，瘫倒在大厅中间小声嘟囔着："够了，我再也没有力气去搬了。"

狡猾的皇帝尽可能地控制着自己不笑出声来，他很欣慰地看着自己的计谋取得了圆满的成功。然后，他又命令司库人员对泰伦斯搬到会客大厅的钱币数目进行清点。

司库人员计算完之后向皇帝汇报："陛下，您真的太慷慨了，战无不胜的泰伦斯统帅总共获得的赏赐是262143布拉斯。"

泰伦斯最初要求得到的赏赐是100万第纳里，但是通过这样的计谋，泰伦斯被吝啬的皇帝算计得最终只拿到了他要求的$\frac{1}{20}$。

棋盘的传说

国际象棋拥有2000多年的悠久历史。由于年代久远，关于象棋是如何产生的，大家各执一词，各种传说的真实性自然也就无从考证。接下来我就给大家讲述其中一个传说。

你不需要会下象棋，你只需要知道象棋游戏的棋盘有64个小格子（分别是黑色和白色），就可以明白我将要讲的这个传说了。

◆ 第一段故事

象棋游戏的发源地是印度。当舍拉姆皇帝第一次接触到这个游戏时，他就完完全全被下象棋所需要的技巧和其中的布局所深深折服，并且赞不绝口。

当他知道这个游戏的设计者是他的一位臣民的时候，就下令让这位发明家入宫，并且要对这位发明家进行赏赐。

这位发明家叫塞塔，他是一位衣着朴素、以教书为生的学者。他来到皇帝面前。

皇帝说："塞塔，你发明的这款象棋游戏非常卓越，所以我要赏赐你。"

这位睿智的学者向皇帝深深地鞠了一躬，但是没有说话。

"我非常富有，能够满足你的所有愿望，所以你尽管说出你想得到的赏赐吧，我一定会让你如愿以偿。"

塞塔依旧沉默不语。

"你不要惶恐，"皇帝和蔼地鼓励他，"你只要说出你的愿望，我一定能够让你的心愿成真。"

"感谢陛下的慷慨，但是请给我一些考虑的时间，我仔细考虑之后，明天告诉您我的愿望可以吗？"

得到了皇帝的应允，塞塔就退下了。

第二天，塞塔如约而至，来到了皇帝面前，然而他提出的微小的愿望却让皇帝大为吃惊。

"陛下，我想请求您在象棋棋盘的第一个格子给我1粒小麦。"

皇帝诧异地问道：

"就只是1粒小麦吗？"

"没错，陛下。

"我请求您在第二个格子给我2粒小麦。

"第三个格子4粒。

"第四个格子8粒。

"第五个格子16粒。

"第六个格子32粒。"

……

皇帝非常生气地打断塞塔的话：

"闭嘴！你设计了那么奇特的发明，现在希望得到的赏赐仅仅是一堆小麦，你真是辜负了我的好意和慷慨！你向我索要这么一个无足轻重的赏赐，简直就是在侮辱我的仁爱和慈善，作为一名教师，你应该学会如何尊重国君，这样才能以身作则，为你的学生树立良好的榜样。

"你退下吧，你将会得到这些小麦：每一个格子的麦粒数目是前一个格子的2倍，我会让仆人把小麦给你送过去。"

塞塔轻轻笑了笑，然后退出会客大厅，来到宫殿门口静待他的赏赐。

◆ 第二段故事

进午膳的时候，皇帝突然想起了象棋的发明者塞塔，于是派人去看这个草率的人是否已经轻而易举地领走了自己的赏赐。

"陛下，我们正在准备给塞塔的小麦，只是宫廷的数学家们正在按照您的旨意计算塞塔应该得到的麦子的数目。"

皇帝对于仆人们如此之慢地执行他的命令感到很不开心！

晚上就寝之前，皇帝再一次问起这件事情的进展。

"陛下，数学家们还在废寝忘食、夜以继日地计算着，他们预计能在明天清晨之前计算出应该给塞塔多少小麦。"

这样一件小事却办得拖泥带水，皇帝非常恼怒，怒斥道："这么小的事情都办不好！在我明天早上醒来之前必须把赏

赐给塞塔的小麦都让他带走，不要让我再一次下命令！"

　　第二天清晨，首席宫廷数学家称有要事向皇帝启奏，皇帝让仆人宣数学家觐见。

皇帝先开口询问："在你上奏事情之前，我希望你先告诉我塞塔索要的微不足道的赏赐有没有落实，他有没有带走麦子？"

这位年长的数学家说："陛下，我们就是因为这件事才斗胆这么早来向您启奏，通过我们仔细计算发现，塞塔想要得到的小麦数目简直就是一个天文数字……"

皇帝气愤地打断数学家的话说道："能有多大！我根本不缺粮食，而且赏赐的旨意已经下达了，我怎么能收回成命呢？所以必须发放给塞塔。"

"陛下，请您相信我，您真的无法实现塞塔的这个愿望。您所有粮仓中的粮食也无法满足塞塔的请求。而且，咱们整个国家的粮仓，甚至是全世界也没有这么多粮食。

"倘若您一定要坚持履行您的诺言，向塞塔发放那么多小麦的话，那么请求您下旨将我们整个国家的所有土地都开垦成耕地，将所有荒原都种上小麦，然后将这些地方产出的所有小麦都交给塞塔，这样才能让他领到属于他的赏赐。"

听了这位老数学家的话，皇帝瞠目结舌。

皇帝思考了一会儿，对老数学家说："请你把计算出来的恐怖的数告诉我吧。"

"18446744073709551615粒粮食。陛下，一个10亿中含有100个100万，一个万亿中含有100个10亿。"（这是科学的表述。但在现实生活中，一个10亿记作1000个百万，一个万亿记作1000个10亿。皇帝答应给塞塔的粮食的数目，用日常的语言陈述出来的话应该是1844亿亿加上6744万亿，加上737亿，加上955万，最后加上1615。）

　　这就是关于象棋棋盘的一个传说，这个故事是真是假我们不得而知，但是这个故事中所计算出来的麦粒数目是正确的，你可以尝试验证一下。

　　从1开始，将下列数依次相加：1，2，4，8……将2进行63次方的计算，所得到的结果是棋盘中第64个格子的小麦数目。

　　按照这本书前面的计算方法，把最后一个数乘2再减掉1，我们可以很容易得到结果。所以这个题目就是要计算出64个2连续相乘：

　　$2 \times 2 \times 2 \times 2 \times 2 \cdots\cdots$（一共64个2相乘。）

　　为了让计算更加简便，我们先把这64个2分成组，每个组10个2，那么可以分成6个组，多余出来的4个2单独成一组。然后我们可以轻而易举地计算出10个2的乘积是1024，4个2的乘积是16，所以最终得到的结果是：

　　$1024 \times 1024 \times 1024 \times 1024 \times 1024 \times 1024 \times 16$

　　我们再计算1024×1024，得到的结果是1048576。那么现在需要计算的算式就简化成了：

　　$1048576 \times 1048576 \times 1048576 \times 16 - 1 = 18446744073709551615$

　　大家应该很难想象这个巨大的数到底有多大，这么多粮食到底需要多大的粮仓才能装得下，那么我们计算一下：每立方米的小麦大约是1500万粒，也就是说，塞塔应该得到的麦粒数目所占的体积是：

$$\frac{18446744073709551615}{15000000} \approx 1200000000000 立方米（或者说是1200立方千米）$$

假设我们要把这些麦粒放置在高4米、宽10米的粮仓中，那么可以计算出这个粮仓的长度应该是30000000千米，而这个距离等于地球到太阳距离的2倍。

◆ 第四段故事

显而易见，对于这么庞大的麦粒数目的奖励，这位印度皇帝自然是无法兑现的。实际上，他是可以避免这么繁重的任务的，这个方法就是让塞塔亲自去数他应该得到的麦粒数目。

倘若塞塔自己数他的麦粒的话，我们假设他数一粒需要一秒钟，那么即使他夜以继日地数，一整天下来，他也只能数出86400粒粮食，约$\frac{1}{4}$**俄斗**。那么他要数100万粒麦子则需要不分昼夜地连续工作约10天。

也就是说，1立方米的麦粒就足够他数上大半年了。所以，即使不间断地数10年，也只能数出约100**俄担**麦粒。就算塞塔用尽一生的时间来数麦粒，他最终得到的也只是他所要求的赏赐中特别少的一部分。

免费的午餐

　　10个年轻人中学毕业后，商量着一起去一家餐馆聚餐庆祝一番。等10个人都到了之后，服务员为他们端上了第一道菜。

　　这时他们却为座位问题争吵不休，有的人认为应该按照姓名的字母顺序就座，有的人认为应该按照年龄的大小就座，有的人认为应该按照学习成绩的高低就座，而另一些人则认为应该按照身高的高矮就座……

　　大家一直为此僵持着，直到菜都凉了，他们还没有商定好到底如何就座。

　　聪明的服务员最终出面解决了这10个人的矛盾，他说："亲爱的朋友们，你们先别吵，大家先随便找个位置坐下来听我说。"

　　10个年轻人都就近坐了下来，于是服务员接着说：

　　"大家分别记住自己现在的座位号，你们明天继续来我们这里就餐时，就按另外的座次就座，后天再用其他不同的方式就座，按照这样的方法，你们终究会坐遍所有的位置，等到你们所有人重新回到今天你们所坐的位置上的时候，我向大家保证，我会请你们吃一顿最美味的免费午餐。"

这10个年轻人都非常满意这个聪明的服务员提出的建议，于是，他们为了能吃到那顿美味的免费午餐，决定每天都相约在这家餐馆按照不同的座次就餐。

事实上，他们根本等不到这一顿免费午餐，并不是因为这个服务员不守信用，而是他们10个人可能出现的座次实在是太多了。

根据排列组合计算一下，有3628800种就座方式，也就是说他们要在这家餐馆吃3628800天午餐，才会出现跟第一次的座次完全重合的现象。而这么多天大约是9942年，都接近10000年了。

为了那顿美味的免费午餐，这几个年轻人要等的时间真的是太长了……

或许大家会认为，就只有10个人，怎么会有那么多种就座方式呢？那么我们通过计算验证一下这个结果。

首先，我们要明白他们座位的变化次序，为了计算简便一些，我们先用3个物体的排列次序计算吧。我们假定这3个物体分别是A、B、C。

那么，我们需要知道的就是这3个物体如何变换位置。假设C物体在最右侧，那么A和B这两个物体就有两种摆放方式。

A   B   C

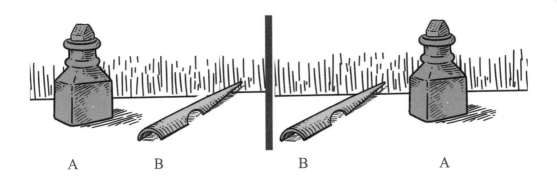

A B   B A

我们现在把C物体也放进这两组队列里面，有三种方式：

● 把C放在每一列之后；

● 把C放在每一列之前；

● 把C放在A和B两个物体之间。

所以C物体只有这三种摆放方式，不可能再有其他的摆放方式。而A和B两个物体有两种排列方式：AB和BA，所以这3个物体的摆放方式总共有2×3＝6种。具体排列方式如下所示：

A   B   C   B   A   C

C   A   B   C   B   A

A   C   B   B   C   A

那么，我们接下来如果摆放4种物体，会有多少种排列方式呢？假设这4个物体分别是A、B、C、D，和之前一样，我们先把其中一个物体D放在一边，暂时不考虑，先计算出A、B、C这3个物体的排列方式总共有几种。前面我们已经计算过了，是6种。现在要把D物体放置到这6种排列方式中去，以ABC这种情况为例，很明显，可以有4种摆放方式：

● 把D放在每一列物体的后面；
● 把D放在每一列物体的前面；
● 把D放在A和B之间；
● 把D放在B和C之间。

所以，我们可以得到，4个物体的排列方式总共有：

$6 \times 4 = 24$ 种

因为 $6 = 2 \times 3$，$4 = 1 \times 4$，把这个结果换一种方法表示出来：

$1 \times 2 \times 3 \times 4 = 24$ 种

根据这个方法，我们就可以轻易地计算出排列5个物体时所有可能的排列方式总共有：

$1 \times 2 \times 3 \times 4 \times 5 = 120$ 种

那么6个物体的排列方式总共有：

$1 \times 2 \times 3 \times 4 \times 5 \times 6 = 720$ 种

按照这一规律，我们可以轻松地计算出上述故事中的10个年轻人的就座方式总共有：

$1 \times 2 \times 3 \times 4 \times 5 \times 6 \times 7 \times 8 \times 9 \times 10 = 3628800$ 种

可以看出，这里计算的结果与前面给出的数3628800是一致的。

假设这10个年轻人中有5位女生，而且她们希望能够和男生交替着坐，这样一来，虽然就座方式大大减少，但是想要计算出结果就会变得比较复杂。

首先，我们先假设一位男生随意坐在其中一个位置上，而剩下的4位男生，不同的就座方式就有$1×2×3×4＝24$种，因为有10把椅子，因而第一个随意就座的男生有10种就座方式。那么，这5位男生的就座方式就有$10×24＝240$种。

现在，算完了男生的就座方式，再来看5位女生的就座方式。而能让这5位女生坐在两个男生之间的空位上的就座方式总共有$1×2×3×4×5＝120$种。

最后，再将男生可能的就座方式240种与女生可能的就座方式120种相乘，就得到了这个要求下就座方式的总数是：$240×120＝28800$种。

可以看出，这种就座方式比之前的方式少了很多，那么按照这种方式就餐，他们需要大约79年就可以享受这顿美味的免费午餐，所以假设这些年轻人可以活到100岁，还是有可能吃到免费午餐的，只是那时候可能向他们允诺的服务员就不能来招待他们了，而是他的继承者了。

第二章

想一想，动手画

有轨马车

问题 兄弟三人看完戏剧回家。他们走到铁轨那里，打算在第一节有轨马车到达车站时，跳进车厢里去。

等了好久都没看到马车的踪影，大哥跟大家建议说再等等看。

"光这样站着等多累呀！"二哥回应道，"我们一边往前走一边等吧。马车从后面追上我们的步伐时，我们就跳进去。当我们上车时，实际已经出发了一段距离，这样离家更近了，用时也会更短一些。"

"就算要走也不能往前走啊，"小弟不服，"我们应该往回走，这样才能早点儿与迎面而来的马车相遇，才能早点儿到家。"

兄弟三人谁也说服不了谁，他们最终决定按照自己的想法回家。大哥站在原地等马车，老二往前走，老三往后走。

请问兄弟三人谁最聪明？谁能够最先到家？

回答 兄弟三人会同时到家。小弟往回走，遇到了迎面而来的马车。等他上了车之后，随着马车前进到达大哥所站的位置，

从而与大哥会合。最后马车继续前进，追上前面的二哥，这样三兄弟就都在同一辆马车里了。

　　最聪明的是大哥，同样时间到达，他却不像另外两兄弟那么辛苦奔波。

3＝4

问题　现在，桌子上有3根火柴棒。你能用这3根火柴棒（不能折断火柴棒）拼出数字4来吗？

回答　这道题仅供娱乐。3根火柴棒可以拼出罗马数字Ⅳ（图1）。这里的奥妙就是题中没有明确说是什么数字，所以需要丰富的联想。同样的方法，用3根火柴棒还能够拼出数字6（Ⅵ），4根火柴棒能够拼出数字7（Ⅶ）。

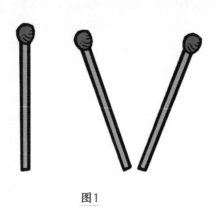

图1

3+2＝8

问题 如果前面那道题的解题方法你已经掌握，那么这道题也会迎刃而解：你需要利用桌上的3根火柴棒，再添加两根，拼出数字8。

回答 答案见图2。

图2

象棋总局数

问题 3个人在下象棋，他们一共下了3局，请问他们每人各下了几局棋呢？

回答 很多人都会不假思索地回答，他们每人都只下了一局棋。但是他们没有想过下一局棋需要两个人，所以其中一个人下完一局棋后，就得立刻投入跟第三个人的棋局中。这样就不可能每人只下一局棋了。

所以答案应该是每人下了两局棋。

四等分土地

问题 如图3所示，大家需要将这块由5个一样大的正方形组成的土地平均划分成4份，仔细想想该如何划分。

你可以先在纸上画出这个图形，然后再开动脑筋想想办法。

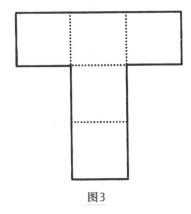

图3

回答 图4中的虚线部分画出了正确划分土地的方法。

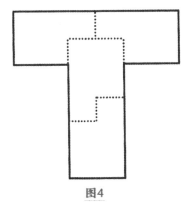

图4

你能一笔完成吗

问题 只能画一笔，你是否可以完成一个拥有两条对角线的正方形呢（图5）？

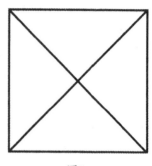

图5

回答 我先公布一下答案吧。不管你从哪里开始下笔或者先画出哪条线，这都是不可能完成的。

不过，如果这幅图变得复杂一些，哪怕只有一点儿，问题都将变得很简单（图6）。你们可以试一下，是不是困难的问题一下子就变得易如反掌了？

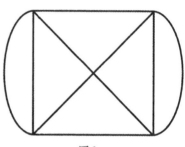

图6

假如在图6的侧面加上两条弧线（图7），又该如何完成？

有没有发现其中的奥妙呢？怎样在没有尝试画之前就得出正确的结论呢？

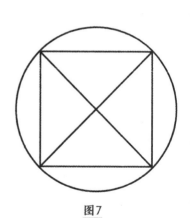

图7

想一想，没准儿就能弄明白这几个图形之间的联系与区别。我们看到图形中不同线条之间都有交叉或者相交的点。想要一笔完成图形，就必须让图中所有的交叉点都具有这个特征：交叉点需要同时是一条线的终点和起点。所以，线段需要在这里发生转折。那么所有相交点的线条数目应该是2、4、6……这样的**偶数**。唯独首末两个端点是例外的，它们的相交点线条数目可以是奇数。

这样我们就能得出这样的结论：相交点线条数目是奇数的点不超过两个，其他的相交点线条数都是偶数，这样的图形才可以一笔画出来。

文中的几幅图能一笔画出吗？图5中的正方形每个角都有3条线相交，所以这张图无法一笔画出来。图6中，我们发现这里每个相交的顶点都有偶数条线，自然可以一笔画成。图7中，有5条线相交的点一共是4个，所以这张图也不能一笔画成。

掌握了这些基础知识，就不需要通过不断尝试来判断是否能一笔画了。在尝试之前，通过观察就能够很快判断出哪些图形能够一笔画出，哪些不能。

现在，好好复习上面的方法，然后认真对图8能否一笔画出做出正确的判断。很明显，答案是肯定的。你可以数出图中所有通过交点的线条数都是4，既然相交线条的数目是偶数，就能够一笔画出该图形。绘画顺序见图9。

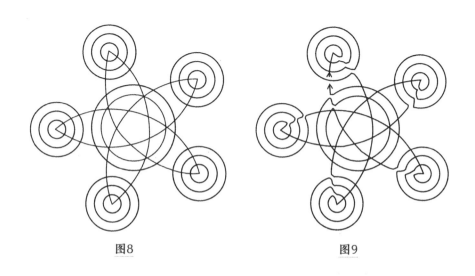

图8   图9

镰刀与锤子

问题 不知道大家有没有听说过七巧板，这种古老的中国游戏早在几千年前就诞生了，比象棋出现得还早。

游戏道具是这样的：将正方形的木质或者纸质材料按照图10所示裁剪下来，利用剪下的7部分拼接组成各种图案。可别把它想象得太过简单。在没有参照图形的情况下，若是打乱这7个图形，是很难一下子将其组回成原来的正方形的。

图10

下面就是具体的题目了：你需要利用这7个图形拼出一把镰刀和一把锤子（图11）。要求是这7个图形不能相互重叠，同时必须全部用完。

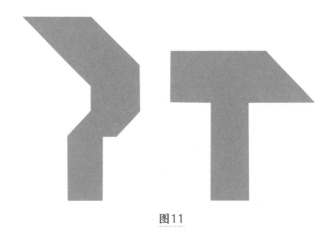

图11

回答 正确答案如图12所示。图中可以清晰地辨别出镰刀与锤子这两种图案。当然，开动你的脑筋，用这7个图形还能拼出各种各样的图案，比如不同姿势的人、不同的动物、各种建筑物等。

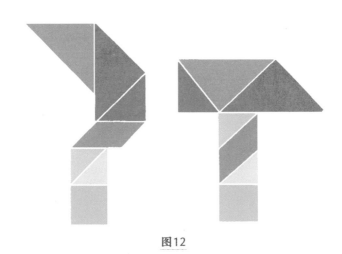

图12

剪两次拼成正方形

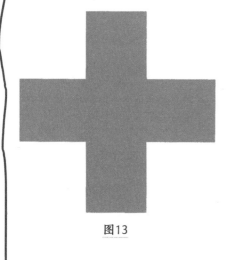

图13

问题 仅剪两次，把图13中的十字图形剪成4块，再利用剪下来的4块拼出完整的正方形。

回答 正确的剪法如图14所示，第一下把原图剪成两个部分，第二下把图形继续分成4个部分。

这4个图形的拼接方法如图15。

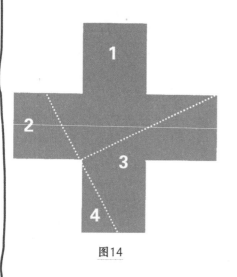

图14

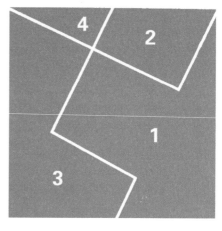

图15

6根火柴

问题 这道题是一道非常有趣的火柴题，拥有悠久的历史。我想所有热爱益智游戏的人都会想来切磋一下。

题目如下：在不折断火柴的前提下，使用6根火柴拼出4个等边三角形。这道题看似无解，实际上是能完成的。

回答 如果你想用这些火柴棒直接拼出4个平面的等边三角形，那你就大错特错了，这样根本不可能完成要求。不过题目可没有强调不能拼出立体的图形。正确答案如图16所示，仅仅用6根火柴棒就能搭建一个锥体，这样一个锥体就能得到4个等边三角形。

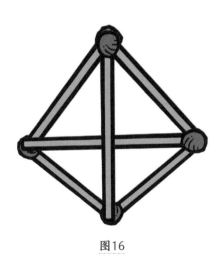

图16

3个人共用一艘船

问题 有3个水上运动的爱好者共同买了一艘船，他们希望在任何自己想要运动的时间都可以使用这艘船，但是又不能让这艘船被其他人偷走。

于是他们想出了一个办法：每个人买一把锁挂在船上。但是他们每个人都只拥有各自锁的钥匙，所以每人都只能打开自己的锁。不过他们在不用另外两人的帮助下，也能用自己的那把钥匙打开锁。他们是如何做到的呢？

回答 将三把锁串联在一起，那么只要打开任意一把锁就能够把整条链子解开，他们各自的钥匙就能够完成这一点，如图17所示。

图17

茶具位置

问题　如图18所示，画中有一张盖了一块桌布的桌子。桌布上有很多个褶子，而这些褶子将整个桌面分成了6个部分。

这个游戏就是根据这些褶子来设置的。把6个茶具放置在这些褶子上。如图19，在其中3个褶子上放茶杯，一个褶子上放茶壶，一个褶子上放茶罐，最后一个褶子空着。题目的要求是把茶壶与茶罐的位置调换，但这不是简单地把两件茶具的位置互换，是要按照规则来移动所有的茶具，最终使茶壶与茶罐的位置发生调换。规则如下文所示：

- 只能将茶具放在空置的褶子上；
- 两个茶具不能叠加放置；
- 一个位置只能放一个茶具。

图18

图19

　　我们可以先把3个茶杯、1个茶罐、1个茶壶在不同的卡片上画出来，并且按照图示位置摆放好。之后我们再来尝试移动这些卡片，完成茶壶与茶罐调换位置的目标。

　　这个过程可不是简单地几次调换就能完成的，需要极大的耐心。为了清晰、简单地记录茶具的移动方式，我们给每张卡片编上号码。打个比方，如果大家在空白的位置上移入茶壶，那么记录为"5"。

　　同样地，如果在空白的位置上移入茶罐，那么就记录为"4"，以此类推。

我坚信，只要大家耐心地移动这些茶具，最终一定能够找出把茶壶与茶罐调换位置的解决方案。正确的移动方法在答案里有提示，大家在尝试之后，可以把自己的结果与答案核对，看看是否是最优解答。

　　回答　　同样地，这道题的答案也是不唯一的。能够把茶壶与茶罐调换位置的方法有很多种。有的方法移动次数比较少，有的方法移动次数比较多。当然，移动的次数越少越好。最少的移动次数是17次，最少的移动方案次序如下：

　　$5 \to 4 \to 3 \to 5 \to 1 \to 2 \to 5 \to 3 \to 4 \to 1 \to 3 \to 5 \to 2 \to 3 \to 1 \to 4 \to 5$

第三章

神奇的数字

简便的乘法

如果你觉得关于9的乘法口诀很拗口，能用到的只有与9相关的算法，那么我告诉你一个好方法，仅仅用自己的手指就能够帮上你的大忙。

你可以把自己的10个手指看成计算器。举个例子，把双手放到桌面上，如果你要计算4×9得多少，那么第四根手指就可以看成一条分割线。这根手指左边有3根手指，右边是6根手指，所以我们就能一下子读取结果是36，也就是4×9＝36。

大家可能还没有完全掌握，我们再来举一个例子：7×9等于多少？

同样的方法，摊开两只手，把第七根手指看成分割线，它的左边是6根手指，右边是3根手指，所以答案就是63。

那9×9等于多少呢？作为分割线的第九根手指，左边是8根手指，右边是1根手指，所以答案就是81。

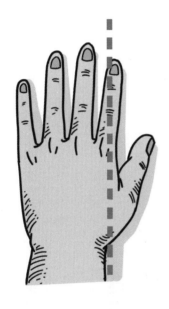
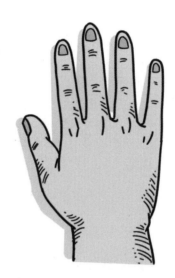

　　这样手指就成了一个活计算器，十分高效、简便。掌握了这个算法，大家就不会纠结6×9到底等于54还是56了，很明显有5根手指在第六根手指的左边，有4根手指在它的右边，所以答案自然是54。

树枝上有几只乌鸦

问题 一棵枯树上飞来了几只乌鸦？

如果每根树枝上落1只乌鸦，那么就会有1只乌鸦没有树枝可以栖息；如果每根树枝上落2只乌鸦，那么就会有一根空树枝。请问一共有多少只乌鸦？一共有多少根树枝？

回答 这是一道来自民间的趣味数学题。

我们可以得出第二种方法需要的乌鸦比第一种方法需要的乌鸦多3只。

而第二种方法中的每根树枝都比第一种方法中的每根树枝上多落1只乌鸦，那么就可以得出一共需要3根树枝。

我们再来计算乌鸦的数量，

每根树枝上落2只乌鸦，就余一根树枝，

那么乌鸦总数就是4只。

最终结果就是3根树枝与4只乌鸦。

祖孙三人的年纪

问题 "老伯伯，您的儿子今年多大了？"

"我儿子的年龄如果以周为单位计算与我孙子年龄以天为单位计算是一样的数。"

"那您的孙子今年多大了呢？"

"我的年龄和我孙子的年龄按月算是一样的。"

"您今年高寿？"

"我们祖孙三人年龄之和是100岁。你来算一算我们分别是多少岁呢？"

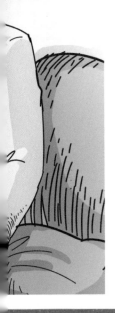

回答 其实想要计算这3个人的年龄并不难。

我们首先得出的结论是儿子年龄是孙子的7倍，接着爷爷的年龄又是孙子的12倍。我们先来假设孙子只有1岁，那么儿子就是7岁，爷爷就是12岁。

在此种假设条件下，这3个人年龄之和只有20，而实际年龄之和是这个假设的5倍，那么每个人的实际年龄只需要在此基础上分别乘5即可得到。

也就是说孙子的实际年龄是5岁，儿子的实际年龄是35岁，爷爷的实际年龄是60岁。那么三人年龄总和为5＋35＋60＝100，符合题意。

分苹果

问题 两个孩子在为苹果的分配方法而争论不休。A对B说："你给我一个苹果吧，这样我的苹果数就是你的2倍了。"

B不服，争辩道："这多不公平，应该是你给我一个苹果，这样咱俩苹果数才一样。"

大家来计算一下，他们各自有几个苹果呢？

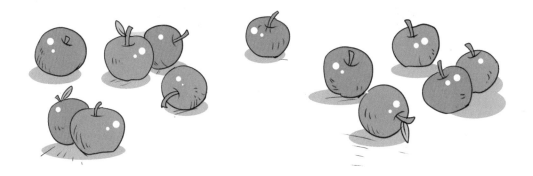

回答 首先，B如果给A一个苹果，那么A就是B的2倍。其次，若A给B一个苹果，他俩的苹果数目就一样多。

那么，就说明A比B多2个苹果，而B再给A一个苹果的话，两人就相差了4个苹果，此时就会出现A的苹果数目是B的2倍，说明B有4个苹果，A有8个苹果。而在交换之前，A有8−1＝7个苹果，而B有4＋1＝5个苹果。

现在，来检验所得到的结论：

A给B一个苹果，那么A剩下6个苹果，B拥有了6个苹果，此时两人苹果数目一致。

B给A一个苹果，那么B剩下4个苹果，A拥有了8个苹果，此时A的苹果数是B的2倍。

答案完全符合题目要求。因此正确答案是A有7个苹果，B有5个苹果。

有多少个正方形

问题 大家仔细观察图20，你认为这幅图中的正方形数目是多少？我想你们可能会说是25个，但是这个答案是错误的。虽然图片中的25个小正方形可以一目了然地观察出来，但是考虑得不够全面。再认真考虑一下就可以发现，还有不少正方形是由4个小正方形组成的。而除此之外，还有许多正方形是由9个或者16个小正方形组成的。除了这些之外，最大的正方形可不要忘记算进去，就是图中25个小正方形组成的最外面的轮廓，不也是一个正方形吗？

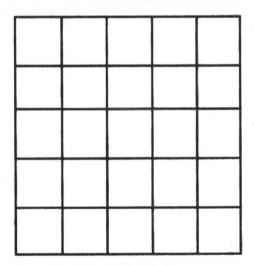

图20

好了，分析了这么多，那么这个图片中所包含的正方形的数目到底是多少个呢？大家不妨来自己数一下吧！

回答 我们按照题目中分析的思路来数一下正方形的数目：

小正方形	25个
包含4个小正方形的正方形	16个
包含9个小正方形的正方形	9个
包含16个小正方形的正方形	4个
包含25个小正方形的正方形	1个

把上面我们数出来的数加起来，可知这幅图片中所包含的正方形的数目总共是55个。

1平方米

问题　大家都知道平方米和平方毫米这两个单位之间的换算关系是：100万平方毫米能够组成1平方米。然而，阿廖沙第一次知道这种换算关系的时候，完全难以置信。

他极其讶异地说道：

这两个单位之间怎么可能存在那么多倍的换算关系？我这里有一张长和宽均为1米的方格纸，它的面积是1平方米，按照你刚才的说法，这张方格纸上面所画的1毫米×1毫米的小方格就应该有100万个，这怎么可能呢？

"既然你不相信，那就数一数来验证一下吧！"

阿廖沙最终决定亲自数一数这1平方米的方格纸上面到底有多少个1平方毫米的小方格。

于是，怀着对知识的好奇，阿廖沙在星期天的早上早早地就起床开始数小方格，为了避免数重或者漏数，他每数一个小方格，都会用笔在上面做上标记。阿廖沙快速地数着，他数一个小方格所需要的时间仅仅是1秒。

整个过程中，阿廖沙都全神贯注、废寝忘食地数着小方格。那么，现在的问题是：你们认为给阿廖沙一整天的时间，他能够把这张1平方米的方格纸上的小方格数完吗？

回答 答案是这样的：阿廖沙想要在一整天的时间内数出这张1平方米的方格纸上是否有100万个1平方毫米的小方格，这根本就是一件不可能完成的事情，简直就是天方夜谭！

他数一个小方格需要1秒钟，就算他一整天不吃不喝，1秒钟不停歇地数（1天等于24小时，1小时等于60分钟，1分钟等于60秒），也只能数24×60×60＝86400个小方格。

如果阿廖沙非要数完的话，即使他每天都数24小时，也要数10多天才可以数完；如果每天只数8小时，那得连续数一个月才能数完。

公平地分苹果

米莎的6个同学来米莎家里玩，米莎的爸爸本来打算给他们每人准备1个苹果，但是不巧的是，家里只剩5个苹果了，这该怎么办呢？

米莎的爸爸希望能够把这5个苹果平均分配给6个人，不让任何一个人受委屈。那么唯一的办法就是把苹果切开。可是又不能切成很小的苹果块，那么每个苹果切成几块更为合适呢？2块还是3块？

　　现在的问题就是：要求每个苹果最多只能被切成3块，而且还要平均分配给6个人，该如何分配？

　　对于这个难题，米莎的爸爸是如何解决的呢？

　　回答　米莎的爸爸肯定是这样做的：他首先拿出3个苹果，分别切成相等的2块，这样就可以分给每个人半个苹果。现在还剩下2个苹果，只有把这两个都三等分，才能得到6块，分给每一个小朋友。

　　所以，按照这样分割苹果的方法，就可以保证每个小朋友分到同样多的苹果，每个小朋友都可以拿到一块 $\frac{1}{2}$ 的苹果和一块 $\frac{1}{2}$ 的苹果。

　　与此同时，也满足了每一个苹果最多只能切成3块的要求。

分蜂蜜

问题　仓库里面有21只大桶，其中7只桶都装满了蜂蜜，另外7只桶所装的蜂蜜只有容积的$\frac{1}{2}$，最后剩下的7只桶则是空的。

由于这些蜂蜜要供给3家商户，所以我们现在需要把这些蜂蜜平均分配。如果还要保证不把一只桶里面的蜂蜜倾倒进另一只桶，这个时候该如何对这些蜂蜜进行均分？

对于这个问题的解决方案，你能想出几种呢？能把它们分别列出来吗？

回答 阅读题目，我们可以得到的信息是：总共有21只桶，

总共有$7+\dfrac{7}{2}=\dfrac{21}{2}$桶蜂蜜。那么，把这两种桶装的蜂蜜平均分成3份

的话，每一份都应该有7只桶和$\dfrac{7}{2}$桶蜂蜜。关于如何分配，这里有两

种解答方法。

第一种解答方法：

第一家	3只装满蜂蜜的桶 1只装有半桶蜂蜜的桶 3只空桶	共计$\dfrac{7}{2}$桶蜂蜜
第二家	2只装满蜂蜜的桶 3只装有半桶蜂蜜的桶 2只空桶	共计$\dfrac{7}{2}$桶蜂蜜
第三家	2只装满蜂蜜的桶 3只装有半桶蜂蜜的桶 2只空桶	共计$\dfrac{7}{2}$桶蜂蜜

第二种解答方法：

第一家	3只装满蜂蜜的桶 1只装有半桶蜂蜜的桶 3只空桶	共计$\dfrac{7}{2}$桶蜂蜜
第二家	3只装满蜂蜜的桶 1只装有半桶蜂蜜的桶 3只空桶	共计$\dfrac{7}{2}$桶蜂蜜
第三家	1只装满蜂蜜的桶 5只装有半桶蜂蜜的桶 1只空桶	共计$\dfrac{7}{2}$桶蜂蜜

如何移动硬币

问题 接下来的这道题，你可以说它像一道练习题，也可以说它像一个魔术，出这道题就是为了让大家娱乐放松一下。

这里有一个正方形，它的内部有9个小的正方形，都是由火柴棒组成的。现在，在每一个小正方形中放入一枚硬币，保证每一横行和每一纵列的硬币总价值都是6戈比，如图21所示。

现在需要大家回答的问题是：

如果不移动画着圆圈的硬币，其他的硬币可以任意调换位置，如何做能保证每一横行和每一纵列的硬币总价值始终保持6戈比？

①	2	③
2	③	1
3	1	2

图21

回答 大家是不是都认为这是不可能完成的题目？其实并不是这样，只要大家仔细思考一下，就会发现这个看似难以完成的题目还是很容易的。

大家注意看，我们不改变纵列，而只是把最底部的一横行硬币调换到第一行（图22），就达到了题目的要求。

我们这样的做法也符合题目提出的不移动画圆圈硬币位置、调换其他硬币顺序的要求。

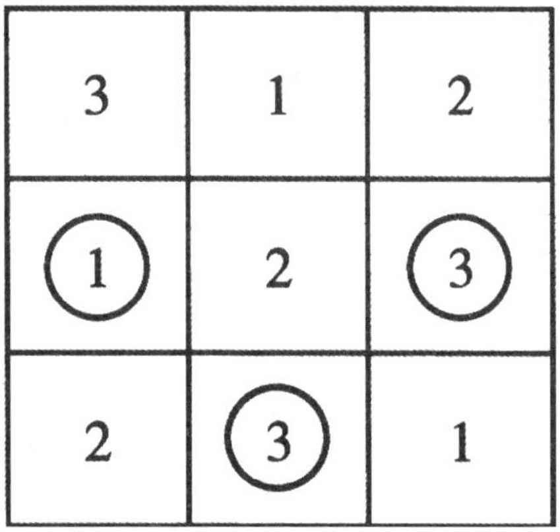

3	1	2
①	2	③
2	③	1

图22

一共有多少枚鸡蛋

问题 一位农妇去集市上售卖鸡蛋。这位农妇的鸡蛋总共卖给了3个人，第一个人买的鸡蛋数目是鸡蛋总数目的一半外加 $\frac{1}{2}$ 枚鸡蛋。第二个人除了买第一个人剩余的 $\frac{1}{2}$ 枚鸡蛋之外，还把刚才剩下的所有鸡蛋的一半买走了。这时，第三个人能够买的鸡蛋数目只剩1了。

3个人按照这样的计算方式就可以把农妇的所有鸡蛋全部买完。

那么问题是：请问这位农妇售卖的鸡蛋总数是多少？

回答 首先，我们可以确定的是，这位农妇售卖的鸡蛋总数目一定是奇数。

因为第一个人最后多买了 $\frac{1}{2}$ 枚鸡蛋，说明一开始总数的一半肯定是小数，只有这样才能凑成一整枚鸡蛋。

那么鸡蛋的总数到底是多少呢？我们需要从第三个人所买的鸡蛋数入手。第三个人只剩1枚鸡蛋可以买，那么也就是说，因为第二个人买走了之前所剩鸡蛋的一半和 $\frac{1}{2}$ 枚鸡蛋之后，就只有1枚鸡蛋了。这就相当于第一个人买剩下的鸡蛋数目的一半就是1枚鸡蛋加 $\frac{1}{2}$ 枚鸡蛋。

所以，通过前面的推理，可以得到第一个人买完鸡蛋之后所剩的鸡蛋数目是 $\frac{3}{2}+\frac{3}{2}=3$ 枚，那么再加上被第一个人额外买走的半枚鸡蛋，这时的数目就是这位农妇所卖鸡蛋的总数目的 $\frac{1}{2}$，所以这位农妇一开始售卖的鸡蛋总数目是 $\frac{7}{2}+\frac{7}{2}=7$ 枚。

农妇是怎么上当的

问题 两位农妇各赚了多少钱?

有两位农妇每人带了30枚鸡蛋一起去市场上卖,但是她们两人卖鸡蛋的方式不一样:其中一位按对出售,一对鸡蛋5戈比;而另一位卖鸡蛋的价格则是3枚5戈比。很快卖完鸡蛋之后,由于她们两个人都不会数数,于是找到一位路人帮她们数一下钱。

路人拿着钱和她们说道:

你们两个人卖鸡蛋的价格虽然不一样,一个人的零售价是5戈比一对鸡蛋,另一个人的零售价是5戈比3枚鸡蛋,但是把你的2枚鸡蛋和她的3枚鸡蛋加起来,是不是就相当于5枚鸡蛋10戈比?那么你们每人30枚鸡蛋,加起来总共是60枚鸡蛋,而60枚鸡蛋也就是12个5枚,所以你们两个人总共赚到的钱数应该是12×10=120戈比,也就是1卢布20戈比。

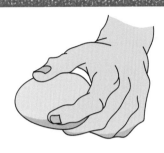

　　路人说完便根据算出来的结果，给了两位农妇总共120戈比，然后把剩余的5戈比悄悄装进自己的口袋。

　　但是这剩余的5戈比是如何多出来的呢？

回答　　这位路人的计算方法是不正确的。按照他的算法：两位农妇出售鸡蛋，每2枚鸡蛋5戈比和每3枚鸡蛋5戈比，她们的收入是一样的，那么鸡蛋的平均价格就是2戈比一枚。

　　实际上，第一位农妇卖出了15对鸡蛋；第二位农妇按照每3枚鸡蛋5戈比的价格出售，她一共卖出了10组鸡蛋。两位农妇出售的鸡蛋中，价格贵的比便宜的卖的次数多，因此鸡蛋的平均价格应该比2戈比多。她们的实际收入应当是：

$$\frac{30}{2} \times 5 + \frac{30}{3} \times 5 = 125戈比 = 1卢布25戈比$$

左手还是右手

问题 有这样一个问题：

把一枚2戈比的硬币握在其中一只手中，然后把一枚3戈比的硬币握在另一只手中。当然，不要让我看见这两枚硬币是如何分配给两只手的。

那么，接下来如果大家按照我的要求做，就会发生一件很神奇的事情：我能够准确地说出这两枚硬币分别在哪一只手中。

不过在我猜出来之前，还需要你们配合我一下，用右手所拿硬币的数值乘3，用左手所拿硬币的数值乘2，之后将得到的两个数相加，把最终所得结果的奇偶性告诉我。

如果我想正确地说出左右手中分别拿的是哪一枚硬币，只需要凭借最终结果的奇偶性就可以做到。

举一个例子来说明一下，假如你把2戈比的硬币握在右手，而左手握着3戈比的硬币，那么按照我的要求，应该有如下的计算方法：

$$(2 \times 3) + (3 \times 2) = 12$$

可以看到所得到的结果是一个偶数，那么在你告诉我奇偶性的时候，我就能够很迅速地告诉你，你的右手拿着2戈比的硬币，左手拿着3戈比的硬币。

我是如何迅速地完成这一过程的呢？

回答 在分析这个题目的解题方法之前，大家需要先了解数具有这样的特征：

2乘任意一个数所得到的结果一定是偶数，而3只有乘一个奇数所得结果才能是奇数，如果3乘一个偶数，那么得到的结果仍是偶数。

对于加法，一个奇数加上另一个奇数，或者一个偶数加上另一个偶数，这两种情况所得到的结果必然还是偶数；而一个奇数与一个偶数的和，永远都是奇数。大家可以代入任意的数来对这些特征进行验证。

大家现在了解了数的这些特征，然后将其带入这个题目之中就是这个样子的：

要想使最终两只手的数值之和为偶数，那么只有3戈比的硬币在左手的时候才能够达到，因为3戈比乘2是偶数，2戈比乘3是偶数，最终的和肯定也是偶数。

但是如果3戈比的硬币是在右手呢？那么3戈比乘3是奇数，2戈比乘2是偶数，最终的和也就是奇数。

所以，我想要猜出奇数面值的硬币在你的哪只手中，只需要你告诉我按照这种要求算出来的数值的奇偶性就可以了。

根据这个道理，大家就可以选择任意两种面值的硬币，比如2戈比和5戈比、10戈比和15戈比、20戈比和15戈比，来完成这个魔术。

当然，所乘的数也可以是随意的一对，比如5和10、2和5等。

肯定有人会问，有没有其他道具可以完成这个魔术？当然有，比如用火柴就可以进行表演，不过这个时候魔术师应该这样向大家说：

"请大家拿出2根火柴，握在其中一只手里面，另外一只手拿上5根火柴，然后给左手所拿的火柴数目乘2，右手所拿的火柴数目乘5，最后将所得到的结果加起来……"

多米诺骨牌

问题 接下来的这个魔术可能会比较难理解，因为在表演的时候会包含一些比较晦涩的技巧。

现在，我们来演示一下，让你的朋友在心中默默地选上一张多米诺骨牌，这个时候，即使你待在旁边的房间，也能够正确地说出他们所选的牌面上的数字。

为了使这个魔术更能让大家信服，你可以让你的朋友帮你把眼睛蒙上，然后按照下面的程序进行：

第1步：一位朋友拿着自己选出来的多米诺骨牌。

第2步：向旁边房间的你进行提问，要求你说出这张骨牌上面的数字。

这个过程中，你并不需要看见骨牌或者向其他朋友寻求帮助，在他提问完之后，你就能够快速、准确地说出骨牌上的数字。

表演魔术的两个人是如何演绎出这种"心灵感应"的呢？

回答 其实原理是这样的：你们在表演的过程中运用了一套只有你和你的朋友理解的秘密"电报"密码，在开始之前你们就需要讨论好这个秘密"电报"密码到底是什么。你们讨论的最终结果是这样的：

"我"表示"1"；

"你"表示"2"；

"它"表示"3"；

"我们"表示"4"；

"您"表示"5"；

"他们"表示"6"。

商定好这些密码之后，应该怎样应用到这个魔术之中呢？接下来，我举个例子解释一下：

和你一起搭档的朋友选出了一张多米诺骨牌，他的提问方式如果是这样："我们选中了一张骨牌，你猜猜它是什么？"

这时，你应该把这个"电报"和之前你们讨论的密码结果进行一一对应。"我们"表示"4"，"它"表示"3"，也就是说他在向你表示这张骨牌上面的数字应该是4｜3。

再比如，你的朋友选择的骨牌的数字是1｜5，那么这时他会在提问之后找到合适的机会和你说这样一句暗语："我认为，您这次猜中的概率可不大呀。"

然而观看表演的观众根本不会想到，其实他已经通过秘密"电报"悄悄地把答案传递给了你："我"表示"1"，"您"表示"5"。

那么，大家自己考虑一下，如果你朋友选择的骨牌数字是4│2，这个时候他应该发一份什么样的"电报"来向你传达正确答案呢？

根据之前你们讨论的密码结果，他应该组织这样的语言来和你说："好啦，我们现在所抽选的这张骨牌，你恐怕是没有办法猜到了。"

当然，多米诺骨牌还存在这样一种特殊的形式，那就是牌面是一张白板，上面没有任何数字。这个时候又该怎么向搭档传递信息呢？

其实，这种情况更简单，可以随意选择比较特殊的词，比如"伙计"之类的词语。

举个例子，你的朋友选择的骨牌有一面是白板，另一面是4，也就是0│4，这时你的朋友应该这样向你提问："嘿，伙计，来猜一下这一次我们选择的骨牌是什么？"

这时，你就应该猜出来，他所说的其实就是0│4。

另一种猜骨牌的方法

问题 我们接下来要讲解的这个魔术，在操作的过程中，并不需要任何稀奇古怪的花招，这是一个纯粹只需要数字计算就可以完成的魔术。

我们来演示一下，你可以先让你的一个朋友挑选一张多米诺骨牌，然后装进衣服口袋，不要让任何人看见。接下来只需要他按照一系列要求逐一完成计算，你就可以准确地猜测出他所抽取的骨牌是哪一张了。

举一个例子，如果他抽取的骨牌是6 | 3，那么接下来让他完成下列计算：

首先，让他选取骨牌上两个数字的其中一个（比如6），乘2，$6 \times 2 = 12$。

接下来加7，得到如下结果：$12 + 7 = 19$。

然后给上述结果再乘5，得：$19 \times 5 = 95$。

这个时候该用到多米诺骨牌上的另一个数字了，把这个数字（这里是指3）加上上一步所得到的结果：$95 + 3 = 98$。

你需要让他把经过一系列简单计算的结果给你看。

然后你再把看到的计算结果减去35，这时得到的数：$98 - 35 = 63$，就是最终的结果了。然后，你会发现，把得到的结果拆开，就是你的朋友一开始选择的多米诺骨牌6 | 3。

这时，你肯定会有这样的疑问：为什么要通过这样一系列计算，而且最后减去的数是35，而不是其他数呢？

回答 我接下来就给大家解释一下其中的原理。一开始，我们先选择了一个数字，然后把这个数字乘2。下一步，我们又给上面的结果加上了7，然后又给它乘上了5，也就是说，我们其实是给这个数字加上了7×5＝35。

所以想一想，把最终的数减去35之后，所剩下十位上的数字是不是就应该是你最开始在多米诺骨牌上选择的数字的10倍？所以，最后再加上的数字就是骨牌上剩下的另一位数了。

这下大家应该就可以理解，为什么我们在经过一系列的计算之后可以得到骨牌上的数字。

数字猜谜

问题 你现在在脑海中随意想出一个数，然后按照我的要求进行以下运算：

● 第1步：给这个数先加上1；

● 第2步：然后再乘3；

● 第3步：再加上1；

● 第4步：给上述结果再加上你一开始想的数。

把得到的最终结果告诉我。

在我得知了你告诉我的最终结果之后，首先给这个数减去4，再把得到的结果除以4——这时，我得到的结果就是你一开始脑海中所想的数。

接下来，我们随意举一个例子来验证一下，假如你现在脑海中所想的数是12。

● 第1步：加上1，12＋1＝13；

● 第2步：乘3，13×3＝39；

● 第3步：再加上1，39＋1＝40；

● 第4步：加上一开始所想的数：40＋12＝52。

你把最终的结果52告诉我，我先给这个数减去4，52－4＝48，得到结果再除以4，这样就得到了最终的答案：48÷4＝12，和你一开始所想的数完全一致。

那么这样计算的原因是什么呢？

回答 其实道理还是很简单的，大家要仔细观察这个计算过程，然后轻而易举就能发现：猜谜的人相当于先把这个数扩大4倍之后再加上4。

所以想要猜出一开始的数，只需要把最终的结果先减掉4，再除以4，就可以准确地得到一开始脑海中所想的那个数了。

三位数的游戏

问题 在众多的三位数中，你随意选出一个，不要告诉我这个数是多少，按照我接下来的要求做就行了：

第1步：给这个数的百位数乘2，所得到的数值再加上5，这次得到的和再乘5；

第2步：把第一步的计算结果加上最初选择的三位数的十位部分，再乘10；

第3步：将第二步的计算结果再加上最初选择的三位数的个位部分。

你把经过整个计算过程所得到的最终结果告诉我，我就能够快速、准确地回答出你最初选的是哪个三位数。

接下来我们举一个例子来说明一下。如果你一开始选择的数是387，那么按照我的要求，你应该进行如下一系列计算：

$3 \times 2 = 6$

$6 + 5 = 11$

$11 \times 5 = 55$

$55 + 8 = 63$

$63 \times 10 = 630$

$630 + 7 = 637$

这个时候你应该把你得到的最终结果637告诉我，这样我就能够轻而易举地猜测出你一开始选择的数了。

那么我是怎么顺利地完成这个猜测过程的呢？

回答　和前面的题目一样，我们首先要认真地研究我所要求的整个计算步骤。先是给这个三位数的百位数乘2，然后加上5，然后再乘5，这样，其实就相当于给这个三位数的百位数进行了如下计算：$2 \times 5 \times 5 = 50$。

然后把三位数十位上的数字乘10，最后发现这个三位数的个位部分并没有发生任何变化。

所以这样看来，其实我们就是给最开始的三位数加了一个数，而这个数是$5 \times 5 \times 10 = 250$。

所以，在你告诉我最终的计算结果之后，我给这个最终结果减去250，就得到你最开始选择的三位数了。

经过这样的运算，大家应该就可以明白怎样才能准确地猜出其他人心中所想的三位数，就是把按照这一系列的计算过程之后所得到的最终结果减去250。

我是如何猜中的

问题 接下来我们再来玩另外一个游戏，同样也是猜数字的游戏，大家可以选择任意的数字，然后我可以猜出来你选择的是哪一个数字。

这里大家要注意两个概念："数字"和"数"，数字是指0～9这10个，而数则能够有无数个，所以大家不要把这两个概念混淆了。好了，你可以在0～9这10个数字中暗自选择任意一个，然后牢牢记住你的选择。

按照我下面所说的步骤进行：

第1步：给你选中的数字乘5，大家一定不要算错，否则会影响整个游戏进程；

第2步：给刚刚得到的结果乘2；

第3步：给刚刚得到的乘积加上7。

现在，你得到的结果肯定是一个两位数。

第4步：把这个两位数的第一位去掉；

第5步：我们接着把剩下的这个数字加上4，得到的和再减去3，给这个差值再加上9。

好，我现在来告诉你最终的结果是多少。

我猜你经过计算之后现在得到的数是17。

对不对？你得到的就是这个数吧！

你是不是觉得不可思议？还想再玩一次吗？

当然可以！

第1步：选数字；

第2步：我们换一个计算步骤，先给这个数字乘3，得到的乘积再乘3，把这次得到的乘积再加上你刚刚选择的数字；

第3步：给得到的和加上5；

第4步：把计算得到的两位数的十位去掉；

第5步：去掉之后给剩下的个位数加上7，再减去3，得到的差值再加上6。

还想让我猜一猜你现在得到的最终计算结果是多少吗？

我猜是15！

怎么样？我猜的是对的吧？如果你得到的最终结果和我猜的不一样，那就只有一种可能，你肯定是在计算过程中哪一步算错了。

要不然我们再来尝试一次？来吧！

同样地，先选好数字，我们就要开始了！把你选好的数字先乘2，再乘2，得到的乘积再乘一次2。

这次得到的乘积加上你刚刚选择的数字，再加一次你刚刚选择的数字，得到的和加上8，然后和前几次一样，把得到的两位数的十位去掉，剩下的个位数减去3，把得到的差再加上7。

我猜你现在得到的最终结果是12，对不对？

其实，我可以非常自信地说，一定是对的，而且不管我猜多少次，都一定是正确的。我到底是如何做到准确猜数的呢？

大家肯定理解这样一个道理，这个游戏的思路肯定是在我写这本书之前想出来的，那么等你拿到出版的书时，已经是好几个月之后了。

所以，我现在所描述的这一切都是在你选择数字之前完成的，也就是说，不管你选的是哪一个数字，我所猜出来的最终结果都是一样的，不同的数字经过一系列计算后竟然可以得到同样的结果，那么这到底是为什么呢？

回答　其实，如果能细致地研究一下我让你完成的计算过程，你应该就能大致地理解我猜出这些数所用的方法。

我来具体解释一下。

首先，看一下我举的第一个例子，我让你给选择的数字先乘5，再乘2，这就相当于直接给你所选择的数字乘10。而你应该知道数字具有这样一个特征：10乘任意一个数所得的结果的最后一位数肯定是0。

了解了这个特征之后，要给上一步计算的结果再加上7。这个时候你得到的这个两位数的个位我是可以知道的，就是你刚刚加上去的7，然而我并不知道十位数是多少，所以这个时候我提出的要求是让你把我不知道的十位数去掉，那么现在你所得到的数字是多少呢？是不是7呀！

其实，我本来应该告诉你剩下的这一位数是多少，但这样就太容易让你猜出来了，所以我不动声色地让你对7再进行一些简单的计算，而与此同时，我也会在心里跟着我的要求进行计算，所以我最终告诉你结果是17。

其实，不管你一开始选择的数字是多少，去掉十位数之后都是用7在进行计算，所以得到的结果肯定都是17。

接着，我再来解释第二个例子，这个游戏中我又换了另一种方法，根据上一个例子的讲解，大家应该已经能推测出我所使用的方法了吧？

一开始，我先让你把选择出来的数字乘3，再乘3，再给计算结果加上你最初选择的数字，那么这次的计算方法又是什么原理呢？

你仔细思考一下。其实，这样计算还是相当于给你最初选择的数字乘10，因为3×3＋1＝10。而这样得到的两位数中的个位肯定还是0，然后接下来的计算要求就和第一个例子一样了：给上一步个位为0的两位数加上一个数字，这时再去掉我不知道是多少的十位上的数字，剩下的这个数字由于我知道是多少，所以只需要进行一些迷惑大家的简单计算即可。

至于第三个例子，其思路和上面两个例子有异曲同工之处。我让大家先给选择的数字乘2，所得乘积乘2，再乘2，然后给这个乘积再加上你最初选择的数字，连续加两次，而这次的计算方法仍旧是相当于给你最初选定的数字乘10，因为$2×2×2+1+1=10$。而接下来迷惑观众的计算随意进行就好。

听完了我的解释，是不是很兴奋？因为你现在也可以变身成一个魔术师了，不过你只能给没有读过我这本书的同学进行表演。而且，你现在能够发散思维，举一反三，肯定能够非常顺利地创造出其他的计算方法。

术 语 表

❶ **卢布**：俄罗斯货币单位，1卢布=100戈比。

❷ **戈比**：俄罗斯辅助货币。

❸ **数列**：一组数按1，2，3，……的顺序排列下去就称为数列。排在第一位的数称为这个数列的第1项（通常也叫作首项），排在第二位的数称为这个数列的第2项，以此类推，排在第n位的数称为这个数列的第n项，通常用a_n表示。

❹ **第纳里**：古罗马时期使用的银币或金币。

❺ **布拉斯**：一种小型金属货币，1布拉斯=$\frac{1}{5}$第纳里。

❻ **俄斗**：旧俄制体积单位。1俄斗≈26.239升。

❼ **俄担**：旧俄制体积单位。1俄担=8俄斗≈210升。

❽ **偶数**：能够被2整除的整数，可表示为2n。

❾ **奇数**：不能被2整除的整数，数学表达形式为：2k+1。奇数分为正奇数和负奇数。

编 后 语

　　"趣味数学（少儿彩绘版）"是一部适合儿童阅读的数学科普书。本书根据数学的基础概念划分为3个分册，分别为《数与运算》《空间与几何》《规律与逻辑》，内容选自科普大师别莱利曼的系列经典作品《趣味几何学》《趣味魔法数学》《趣味代数学》。在这套书中，别莱利曼运用各种奇思妙想和让人意想不到的分析，帮助孩子对各种生活现象与数学知识建立内在联系，激发学习数学的兴趣。通过阅读这套书，小读者会发现，学校里那些枯燥难懂的数学问题，竟然都变得和蔼可亲起来，很多生活中的问题都可以用数学知识轻松地解答。数学决定孩子未来的综合能力，希望这套书可以让孩子感受到数学的魔力，打开进入数学世界的大门。

　　由于作者写作年代的限制，本书还存在一定的局限性。作者在写作此书时，科学研究远没有现在严谨，有些地方使用了旧制单位，比如卢布、戈比，等等。而且，随着科学的发展，书中的很多数据，比如，硬币的重量、船的速度已有很大的改变。我们在保持原汁原味的基础上，进行了必要的处理。此外，在编辑这套书时，我们根据小读者的阅读能力和理解能力，增加了大量彩色手绘插图和人文、历史知识版块，培养小读者的全科学习思维，让他们保持对科学的好奇心和探索精神，从此爱上数学。

在编写本套书的过程中，我们虽尽了最大的努力，仍难免有不当之处。欢迎小读者在阅读过程中提出宝贵的意见和建议，帮助我们更好地完善。

图书在版编目（CIP）数据

趣味数学：少儿彩绘版．数与运算／（俄罗斯）雅
科夫·伊西达洛维奇·别莱利曼著；焦晨译．－－北京：
中国妇女出版社，2021.1
ISBN 978-7-5127-1904-0

Ⅰ．①趣…　Ⅱ．①雅…②焦…　Ⅲ．①数学－少儿读
物　Ⅳ．①O1-49

中国版本图书馆CIP数据核字（2020）第183147号

趣味数学（少儿彩绘版）——数与运算

作　　者：	〔俄罗斯〕雅科夫·伊西达洛维奇·别莱利曼　著　焦　晨　译
责任编辑：	门　莹　张　于
封面设计：	尚世视觉
插图绘制：	黄如驹（乌鸦）
责任印制：	王卫东
出版发行：	中国妇女出版社

地　　址： 北京市东城区史家胡同甲24号　　　邮政编码：100010

电　　话： （010）65133160（发行部）　　65133161（邮购）

网　　址： www.womenbooks.cn

法律顾问： 北京市道可特律师事务所

经　　销： 各地新华书店

印　　刷： 天津翔远印刷有限公司

开　　本： 170×240　1/16

印　　张： 21

字　　数： 260千字

版　　次： 2021年1月第1版

印　　次： 2021年1月第1次

书　　号： ISBN 978-7-5127-1904-0

定　　价： 169.00元（全三册）